讲给孩子们的科学思维课

来探索！
大数据与物理学

〔韩〕金范垹 著 〔韩〕许指荣 绘 周 珺 译

河南科学技术出版社

· 郑 州 ·

图书在版编目（CIP）数据

来探索！大数据与物理学/（韩）金范埈著；（韩）许指荣绘；周珺译.—郑州：河南科学技术出版社，2022.6
（讲给孩子们的科学思维课）
ISBN 978–7–5725–0772–4

Ⅰ.①来… Ⅱ.①金… ②许… ③周… Ⅲ.①数据处理—少儿读物 ②物理学—少儿读物 Ⅳ.①TP274–49 ②O4–49

中国版本图书馆CIP数据核字（2022）第056896号

出版发行：河南科学技术出版社
　　　　　地址：郑州市郑东新区祥盛街27号　　邮编：450016
　　　　　电话：（0371）65788642　　　65788613
　　　　　网址：www.hnstp.cn
责任编辑：许　静
责任校对：丁秀荣
封面设计：张　伟
责任印制：宋　瑞
印　　刷：河南博雅彩印有限公司
经　　销：全国新华书店
开　　本：720mm×1020mm　1/16　印张：7　字数：70千字
版　　次：2022年6月第1版　　2022年6月第1次印刷
定　　价：49.80元

如发现印、装质量问题，影响阅读，请与出版社联系并调换。

在物理学中，发现打开世上万物秘密之门的钥匙！

大家好，我是物理学者金范埈。遇见你们我感到非常高兴。相遇总是让人开心和激动，和物理学的相遇也是如此。大家知道，物理学中的"物理"是什么意思吗？有些人听到"物理"二字可能会很好奇，什么是物理？物理学家是做什么的呢？为什么我们一定要学习物理呢？

物理可以根据字面的意思解释为"事物的道理"。事实上，物理学的世界从浩瀚无垠的太空，到肉眼完全无法看见的原子，包罗万象，是一门既宽广又深邃的学问。物理学家就是一群研究和探索围绕我们的这个大千世界里所有事物的道理的人。物理学包括天体物理学、粒子物理学、原子核物理学、凝聚态物理学、光学等各种领域。物理学分为理论物理学和实验物理学，前者更偏重理论，后者更偏重实验。我是研究统计物理学的物理学者。

统计物理学是理论物理学的一个分支，主要研究的是当大量粒子聚集时，整体所呈现的有趣特性。

我演讲的时候，经常会做一个实验，现在也请大家一起来试试吧。首先，在20个朋友聚会的时候，请你先这么说：

"朋友们，我现在要提问一个问题，可能会有2个人举手回答，也可能是1个或者3个人，但不会超过5个人。"

真的会那样吗？请相信我吧。这个问题是，谁的血型是AB型？请符合的人举手。然后，请你数数看吧。你会看到真的只有一两个或至多三四个人会举手。朋友们会被你的预测能力吓一跳吧？

如果多次反复做这个实验，你就可以看到，有时是1个人，有时是2个人或者3个人会举手。很少的情况下会有4个人举手，当然，5个人举手的情况就更少了。如果收集每次举手人数的数据再进行平均的话，我们可以得到一个近似2的数字。虽然无法精确预知20个朋友中有几个人会举手，但我们可以提前估算出举手的有2个人左右。这种方式的预测就叫作"统计预测"。实际上，在韩国，血型为AB型的人约为10％。10％就是1/10，所以20个人中血型为AB型的人可以预测为有2个人左右。

统计物理学就是这样，是一门在有很多数据时关注于研究整体的统计特性的学问。你们也可以试着问20个朋友中姓崔的有多少人。在韩国，姓崔的人数在5%左右，大家现在应该也能预测出20个人中约有多少人会举手了吧？

本书中所介绍的"人的体重指数研究"也是运用统计的方法来进行的。通过收集大量鱼类的身长和体重，以及人类的身高和体重的数据，来观察整个数据集显示出来的统计性特征。对鱼类的身长和体重的大数据进行分析，再用人类的身高和体重大数据的分析结果与其进行比较，就能将人和鱼的区别量化地体现出来。

大数据顾名思义就是数量很庞大的数据。统计物理学家从很久以前就开始并一直在研究大数据。现在也有很多统计物理学家收集了许多大数据，并发表了一些很有趣的研究结果。其实大家只要稍微做个有心人，就能在身边收集各种数据，并从中发现很有意思的结论。更何况，现在在网上公开的各种数据信息也越来越多。

我希望更多的人能够用科学的方法来分析数据，并以此为依据得到理性而有意义的结论。因为我相信，运用大数据能让我们以更科学的视角来看待这个世界，也能帮助我们做出更好的决定。现在就让我来带领大家向着大数据和统计物理学的世界迈出第一步吧。

金范埈

目 录

研究精灵宝可梦身材的
科学家如何改变世界?

是心动的感觉啊，那就是科学

大家为什么要学习科学知识呢？是因为学校里开设了相关课程，所以不得不学吗？那么科学家们为什么学习科学知识呢？是为了获得诺贝尔奖吗？事实上，包括我在内的很多科学研究人员每天早上去研究室或实验室的时候都会心跳加速。那我们是怀着"再努力些做研究的话就能获奖"的心情吗？当然不是的，我们怀着的是对问题的好奇心。追寻答案的过程本身就让人心生欢喜，再加上这份快乐还能让世界变得更加美好，这些如何让我们不心动呢？

我是个物理学者。在物理学广博的研究领域中，我是研究"由大量物质组成的巨大的系统"的统计物理学者。但我每次在演讲

前介绍完自己后，人们总是投过来充满忧虑的眼神，他们可能会想："物理学再加上数学统计，那一定既难懂又无聊吧。"可当他们看到我开始眉飞色舞地讲解时，恐怕又会想"难道……"，转而对后面是否会出现有趣的部分抱有一丝期待。

没错，从现在开始，我就要给你们讲非常有趣的内容了。大家喜欢精灵宝可梦吗？我本人是很喜欢的。精灵宝可梦里的小精灵中我最喜欢的是皮卡丘。可能没人不喜欢皮卡丘吧。请大家想一想，你们觉得皮卡丘是胖胖的呢还是瘦瘦的呢？为什么我会突然问这么奇怪的问题？因为我就是特别好奇"皮卡丘到底胖不胖"并以此为主题进行了研究。

现在你们大概知道为什么每天早上我都那么高兴地去研究室上班了吧。当然啦，研究皮卡丘怎么可能没意思呢？但你们可能还会觉得奇怪：物理学者怎么会研究皮卡丘呢？研究皮卡丘到底有什么用呢？

来，我们大家一起鼓个掌吧。为什么要鼓掌？你们可能会觉得我的要求有点唐突，但对为什么要鼓掌会觉得很好奇吧？好吧，有好奇心就够了。你如果对"为什么研究精灵宝可梦的身材"感到好奇，对"为什么突然要鼓掌"感到好奇的话，那就已经做好了沉迷于物理学的准备了。

1944年获得诺贝尔物理学奖的物理学家伊西多·艾萨克·拉比说过这样的话：

"物理学家是人类中的小飞侠彼得·潘（Peter Pan，英国经典儿童文学作品中的主人公，象征着永恒的童年和永无止境的探险精神）。他们不会长大，总是怀着好奇心。"

充满了好奇的各位已经有一只脚踏入了物理学世界的大门了，这是真的，既然是获得过诺贝尔奖的

物理学家的话，大家就相信一次吧。

好，那现在让我们正式开始鼓掌吧。不是一个人，而是和朋友们一起鼓掌，人越多越好，也可以和班上的同学们一起鼓掌。

刚开始的时候请大家随意按照自己的习惯鼓掌，你们听到的应该是大家"啪啪啪啪啪啪"的杂乱无章的拍手声吧。

第二次不再随意拍手，而是请大家互相配合，心中默念"这次我们要拍出和旁边人一样节拍的掌声"，也就是每个人都让自己掌声的节拍尽量去配合别人掌声的节拍，来试一下吧。

好，现在掌声会变得如何呢？快来跟我发现隐藏在掌声中的秘密吧。

隐藏在掌声中的物理学秘密

一开始，大家按照自己的习惯随意鼓掌，当心中想到"互相配合下吧，要和旁边的人拍出一样节拍的掌声哦"这句话，马上就会拍出"啪！啪！啪！啪！啪！啪！"的整齐划一的掌声，是不是很令人惊奇？并没有人在前面指挥，那是谁创造了这个整齐的节拍呢？原来是所有鼓掌的人一起创造了这个节拍。那掌声为什么会变得整齐划一呢？这是因为我们没有随意鼓掌，而是倾听着旁边的人的掌声，并且为了去配合别人而调整了自己的掌声节拍，使得大家最终拍出了整齐的节拍。

科学家们称这种情况为"人们之间产生了相互作用"。相互作用是指事物之间或事物内部因素之间互相影响而产生了新秩序的力量。在拍手实验中，我们听到了别人的掌声，然后调整自己的节拍去配合别人，就是共同合作时产生的连接的力量。

连接的力量在生活中无处不在。大家知道条形磁铁为什么会有磁性吗？在回答这个问题之前，我们要知道，物质大都是由分

子组成的，分子由原子组成，原子由原子核和电子组成。原子中的电子具有自旋特性，该特性使得电子具有磁性并能产生属于自己的磁矩，电子因此可以看作是一个微小的磁铁。那么，问题又来了，因为按照这个理论，我们身边的每一个物体理应都有磁性，可为什么我们周围的一切并不都是有磁性的呢？答案是：大多数物质中具有成对的、自旋方向相反的电

自旋

原子中的电子围绕原子核快速运动，就像地球围绕太阳公转一样。电子的自旋和地球的自转类似。

磁场

磁铁或有电流通过的电线周围会产生吸引或排斥物体的力。像这样在磁铁或电线周围形成的空间就是磁场。

子，这会抵消彼此的磁矩，致使物体整体不显磁性。而铁等铁磁性材料中含有未成对的电子，由于没有自旋方向相反的电子来中和它们，这些未成对电子共同赋予磁铁原子以磁力。磁铁原子的有序同向排布、磁矩整齐排列是条形磁铁整体拥有磁性并产生磁场的原因。

但条形磁铁也不是一直都有磁性的，当温度加热至特定温度（居里温度）时，条形磁铁的磁性是会消失的。

如果温度升高至居里温度的话，小小的磁铁原子就会杂乱无章地移动，每一个磁铁原子的移动方向都各不相同。此时，每个

温度对条形磁铁的影响

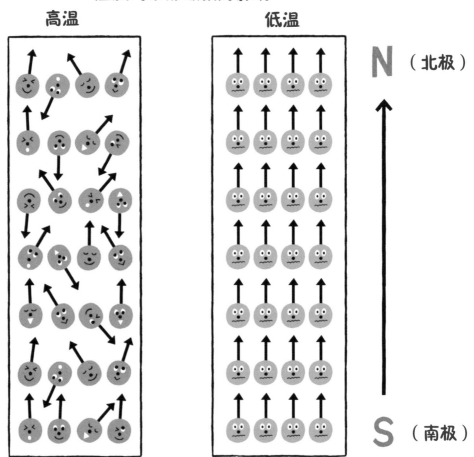

高温　　　　　　　　　低温

N（北极）

S（南极）

小磁铁原子产生的磁场无法叠加。当某个磁铁原子的值为+1而另一个与其方向相反的磁铁原子的值为−1的时候会怎么样呢？答案是两个值会互相抵消，整体来看即为0，这时磁铁就不具有磁性了。

相反，如果温度下降至居里温度以下的话，神奇的事情就发生了。就像人们互相配合着鼓掌一样，小小的磁铁原子开始互相连接，积累磁性。当温度变低时，磁铁原子移动的活跃程度降低，磁性会更稳定。如果一个磁铁原子指向一个方向，另一个磁铁原子也指向同一个方向时，磁性就会积累。从而吸引其他磁性原子指向同一个方向。当所有磁铁原子指向相同方向时才能成为磁铁。也就是说，多亏了无数磁铁原子之间连接的力量，条形磁铁才能成为"磁铁"。

我所学习的统计物理学主要研究的就是各种事物之间产生的相互作用及连接的力量。比如，各位现在坐着的这个房间里充满了空气粒子，如果房间里的温度或者压力突然升高，空气粒子的运动会和现在完全不同，甚至有可能空气粒子都聚集到房间的一角，使人无法正常呼吸。你们可能会担心，真的会发生这种令人窒息的情况吗？

所幸科学家们可以预测这种情况。因为科学家们只要认真观察空气粒子的运动轨迹，就可以用数学公式把它表现出来。这个过程当然很复杂，但是只要科学家们不放弃，这个复杂的数学问题总有一天会被解开。这样，一旦房间里的空气粒子和平时不同，我们就可以通过观察和计算得知发生了什么，应该如何解决，从而避免发生无法呼吸这样的情况。

这真的是很有趣的物理学故事

现在我们把空气粒子替换成人，想想看会怎么样？就像空气粒子在空间内互相影响一样，人们在社会中也不断发生着相互作用。那么，物理学的方法能适用于人们生活的世界吗？如果我们用物理学的方法来看待这个世界，会怎么样呢？无论发生什么问题，我们都可以用新的角度来看待，提问的方式和解决问题的思

路也会和以前截然不同。

是啊，用物理学的眼光，我们将会看到一个全新的世界。那些我们很想知道答案的问题，复杂难解的问题，希望尽快解决的问题，都能用更加合理、更加科学的方法来解决。皮卡丘到底是胖还是瘦的问题也是如此。

"什么是胖呢？"

"鱼、大象和人的身材可以用同样的标准来判断吗？"

"人类身材的评判标准对精灵宝可梦也适用吗？"

"我们要收集哪些材料才能判断皮卡丘胖不胖呢？"

物理学中有很多能解决像这样一环套着一环的问题的方法。从现在开始，我会把这些方法教给大家，它们也是非常有趣的。

我本人很喜欢科学家理查德·费曼。费曼是一位非常善于用自己独特的方法去解释大家都熟知的问题的科学家，也是一位善于以愉快、有趣的方式开展科学研究的物理学家。所以，我在给大家讲述科学故事前也常常会说"这个真的很有意思"这样的话来进行自我激励，从而把科学故事讲得更加生动有趣。相信各位听了我讲的故事以后，也会像费曼和我一样，深陷科学和物理学的魅力而无法自拔吧。

那么，现在让我们开始吧！

统计物理学家是如何做研究的呢?

掌声，伦敦大桥，节拍器，萤火虫

像许多人通过配合拍成同一个节拍的掌声的情况比比皆是。伦敦大桥第一天开通的时候，人们注意到许多人在桥上的步伐就像军人并肩行进一样整齐。如果把好几个节拍器放在同一块木板上，一开始它们会各自摇摆，但渐渐地会趋向同一个方向并以同一个节拍有条不紊地摆动。一群萤火虫聚集在一起后，刚开始时各自一闪一闪，但过段时间后就会同时闪烁了。

实现了同步吗?

像上面提到的这种构成事物的元素在变化过程中互相配合的现象被称为同步。同步是由反馈而来的。反馈是指事物由于某个原因所产 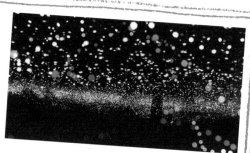 生的变化，再回过头去影响这个原因，从而产生更大的变化的现象。同步现象有两个共同点：第一，元素的数量非常多；第二，元素互相之间有着很强的影响。具备这样特点的系统被称为"复杂系统"。

观察复杂世界的有趣方法

统计物理学研究的领域是由许多相互作用的粒子组成的复杂系统。如果把这句话中的"粒子"换成"人类"的话，那么研究的对象就变成了由许多人相互作用而形成的复杂社会。对于统计物理学家或者其他研究复杂系统的科学家们来说，比起一棵树，他们更关心的是整个森林。

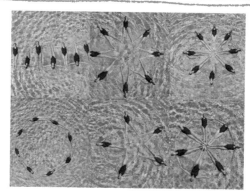

越过树木看见森林的方法

古希腊哲学家亚里士多德曾说过："整体大于部分之和。"对于事物整体表现出的某种现象，我们只靠构成该系统的每个元素的个别特征是很难去理解的。当然，要理解"整片森林"并建立研究模型是从研究一棵树开始的，但统计物理学家在对复杂系统进行研究时，比起仔细观察和理解每一棵树，更重要的是对由众多树木聚集而成的茂密森林的探索。

2

连接数据力量的
大数据

开始的时候有点难也没关系

我们已经知道，即使是前后看上去一模一样的条形磁铁，也会有时有磁性，有时没有磁性，其中决定性的因素就是"温度"。物理学家们对于温度升高和降低时物体处于什么样的状态的问题是很感兴趣的。

条形磁铁在高温下不具有磁性，而在温度下降的时候开始变得具有磁性。像这样，电子运动一开始杂乱无章，而后来形成有序运动的现象，有一个听上去比较难懂的名字——相

转移。无论是磁铁中原子之间产生的连接的力量，还是大家一起鼓掌时因为相互配合而拍出了整齐划一的节拍，都是相转移现象的一种。像这样随着时间的推移而形成有序的现象我们称之为"同步"。

那么，同步是怎么发生的呢？10个人一

起鼓掌的时候，假设有人对他们说其中有3个人拍手的节拍是对的，那旁边的人听了，就会调整自己的节拍去配合那3个节拍对的人。4个或更多的人拍出的一致的掌声会比3个人的更响，所以，剩下的人也都会被带动，很快跟上那个节拍一起鼓掌。

那如果是100个人同时鼓掌呢？在某个瞬间有10个人的掌声节拍一致的话，第11个和第12个人很快就会跟上这个节拍，第13个、第14个、第15个人也会迅速跟上相同的节拍。就这样，同一个节拍的掌声变得越来越大，远处的人也能跟上节拍，所有人的掌声节拍终将变得一致。

这种现象被称为"增量反馈",指的是结果反过来影响原因,从而强化结果的现象。条形磁铁中原子的有序运动也属于增量反馈的现象。

让我们来看一下下页左边的图片,在条形磁铁中,左上角有6个小小的磁铁原子首先指向上方,这个部分就会产生磁场。这样形成了磁场后,附近的磁铁原子会受到影响而跟随这6个磁铁原子的方向,这样一来磁场就变得更大了。然后,稍远一点的磁铁原子也会受到影响而跟随这个方向,接着更远的磁铁原子也会跟着朝向同一个方向,磁场变得越来越大,越来越多的磁铁原子指向上方,这就是增量反馈。

比较有趣的是最开始指定方向的6个磁铁原子。因为如果这6个磁铁原子不是指向上方,而是指向下方的话,最后形成的条形磁铁的N(北极)和S(南极)就会互换。由此可见,随着最初6个磁铁原子指定的方向的不同,条形磁铁的两极也会发生变化。

了解了条形磁铁的原理后我们可以知道,连接的力量可以引起非常大的变化。不仅如此,最开始发生变化的那一小部分是非常关键的,因为那一小部分的变化可能会让整个结果变得完全不同。

我们生活的世界也是如此。连接的力量会给社会带来巨变。

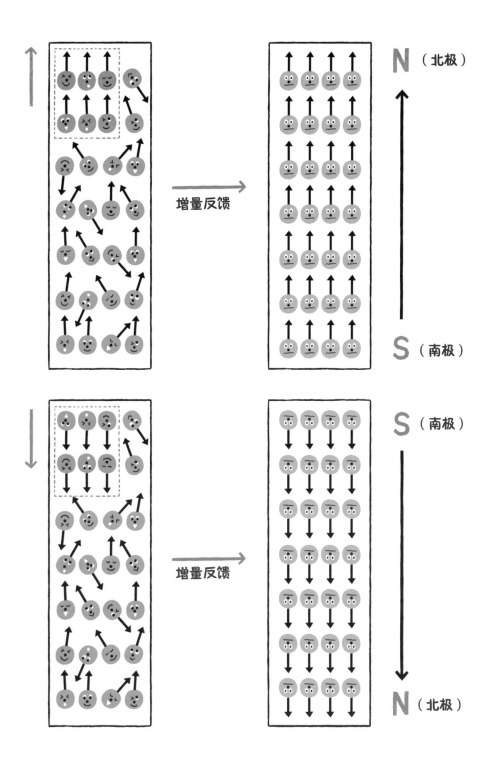

增量反馈

N（北极）

S（南极）

增量反馈

S（南极）

N（北极）

再重大再困难的事情，只要有几个志同道合的人，团队的力量哪怕刚开始时看起来非常微不足道，但通过连接的力量逐渐扩大增强后，就有可能会产生巨大的变化。

韩国釜山有一所小学的名字就是这样被改掉的。这所小学叫"大边小学"，在这所学校里上学的孩子们常常被嘲笑是去"大便小学"，他们都很苦恼，可谁都不认为已经使用了54年的学校名字可以被改变。直到有一天，几个五年级的孩子以"让学校换个名字"为目标参加了学生干部的选举。他们开始说服周围的朋友们，团结了越来越多的学生和老师，包括已经从这所学校毕业的学长们，甚至还有村子里的长辈们，经过一年多的努力，最终将学校的名字改成了"龙岩小学"。

连接的力量改变世界

人们聚在一起能做的事情，常常要比像沙粒一样分散的单个人能做的多很多。人与人之间的这种连接的力量随着人类社会的发展逐渐变得愈发强大。随着交通工具越来越发达，通往四面八方的道路越来越宽广，通信技术越来越先进，人们之间连接的力量也越来越大。QQ、微博、微信媒体将人和人之间的联系变得更加宽广也更加紧密。

由此，我们也可以理解：为什么人们不愿分散地居住在各处而更愿意聚集在一起生活？为什么不是每一个人都自己制作东西或开店来自给自足，而是需要社会中的各种类型的企业通过经济活动来满足各方面的需求？这正是因为，比起单干，大家合作会更有利。

科学也是如此。同样是100位科学家，与其让他们分头去研究，不如让他们三五一组进行研究，这样效率会更高。

我是在韩国开始学习物理的，获得博士学位后我又前往瑞典进行了研究及教学。那时和我一起工作的是在我们这个领域内相当有名的一位老师。他总是来我的研究室，然后整个上午我们都在不停地聊各种各样的事情，甚至吃完午饭后继续聊到晚上。但是我仔细想想的话，他说的话也不全是对的。刚开始的时候我还有点吃惊，心想他不会完全没意识到自己

说错了吧？为什么他毫无羞愧感，继续热情地提出他的想法呢？
但是随着时间的推移，我也变得越来越像那位老师，也会毫无保
留地把脑海中浮现的所有想法自由自在地说出来，结果，在我们
敞开心扉聊天的过程中，总会有非常了不起的想法被提出来。

像这样，人和人聚在一起使得1加1大于2的现象是经常发生
的。而能证明这个观点的研究也相当多，让我们来看看其中的几
个例子吧。

假设有A和B两座城市，B城市的人口数量是A城市人口数量
的2倍。假设两座城市的居民都往银行存钱。大家想一想，在人

均收入差不多的情况下，B城市的存款总额是A城市的几倍呢？可能有人会说，总人口数量是2倍的话，存款总额也应该是2倍吧？但其实不是的，研究结果是B城市存款总额是A城市存款总额的2.3倍。

还有一个调查两座城市拥有专利数的研究结果。专利数是一个城市人们拥有的发明的数量，代表该城市的人们提出了多少新的想法。那么，B城市人口数量是A城市人口数量的2倍的话，专利数也是其2倍吗？但研究的结果也是2.3倍，是不是非常神奇？为什么会出现这种结果呢？这就是因为构成我们社会的人与人之间连接的力量。

专利

专利是将发明创造通过法律的方法进行登记，使其他人不能随便使用的权利。想要使用专利的话需要给专利拥有者支付适当的费用。

现在，不仅是人和人之间的连接，数据和数据的连接也变得愈发重要起来。数据是指通过观察、实验或者调查而得到的资料。比方说，测量一下班上同学们的身高和体重并记录下来，得到的就是数据了。文字、数字、图表、视频等都可以成为数据。

以前数据一般是以文字记录的方式留存下来的，现在都用电脑可以读取的电子数据来进行保存了。

数据连接起来才是宝贝

连接起来的数据能比尚未连接的单个数据发挥更大的作用。举个例子，我给大家讲讲韩国"猫头鹰"巴士的故事吧。"猫头鹰"巴士是指晚上11点30分到次日凌晨3点之间运行的夜班车。那大家想想看，猫头鹰巴士的公交车站点设置在什么地方最好呢？

工作人员为了确定首尔"猫头鹰"巴士公交车站点的位置，专门对深夜时分在首尔和首都圈中心城区的人们主要从哪里打电话到哪里进行了分析。分析人员不需要通话双方具体的个人信息，只需要确认通话的时间和地区就可以了。这是考虑到通话量高的地区人的活动量大。在分析了什么时间段在哪个地区通话量较高之后，首尔市就

在那个时间段的那个区域设置了公交站点。这样一来，有需要的人就可以很方便地坐到夜班车了。

像这样被收集的无数通信数据信息就被称为"大数据"。大数据是快速生成的数量庞大的数据。回想一下你和很多朋友能同时聊天的微信聊天群吧。不管是互相发送的文字和表情包，还是照片和视频都会在瞬间像雪片一样堆积起来。不仅是社交软件，我们何时在哪个网店花了多少钱、买了什么东西，像这样的数据也都会被记录下来。认真分析这些积累下来的大数据，我们可以创造出令人惊奇的新事物。

比如，在流感高发的时候，政府部门会发出像"预防流感，小孩和老人需要更加小心"这样的温馨提示。因为如果人们生病的话，经济活动和学校教育会受到影响，所以政府需要尽快掌握流感发生的时间和地区。以前的方式是，如果流感患者在医院接受治疗，疾病管理中心会收到医院报告的数据并对数据加以分析，来判断流感的流行程度。

但是互联网公司发现，人们在感染流感后最先做的事情是上网搜索相关信息。大家会在搜索栏里输入"流感症状""哪家医院治疗流感好""患上流感后吃什么药比较好"等关键词。这些搜索数据就是分析流感的大数据，分析这些数据是快速准确地掌据流感患者所在地区和年龄段的一种很好的尝试。使用这种方法能让我们比收集医院报告的记录更迅速地获得信息。

　　还有另外一个应用大数据的例子。患者在医院接受诊断的时候，医生会开具处方。如果某种药有什么副作用，患者会再度前往医院就诊。比如，在吃了内科医生开的处方药后，患者如果去了皮肤科就诊，很可能是患者在服用处方药后发生了过敏或者出现了皮肤瘙痒等症状。像这样，对患者在服用医生开出的处方药后又去医院接受了治疗的数据进行分析的话，一些之前未知的药物的副作用就能被发现，人们在需要服用药物时也可以更安全更

方便地进行选择。

　　随着互联网的闪亮登场，特别是大部分人开始使用智能手机以后，数据每天每时每刻都以我们无法想象的数量级在不断积累。如何运用这些大数据，需要我们充分发挥想象力，但这本身就是一件非常令人心潮澎湃的事情。我接下来要给大家讲的皮卡丘的故事也是从大数据开始的。

　　请大家展开想象的翅膀，好好思考一下我们该如何运用大数据。互相连接的我们可以一起运用大数据，来创造令人惊叹的变化。

只要量多就是大数据吗？

那么多的数据都放在哪里？

全世界几十亿人每一瞬间涌现的电子数据都会堆积在哪里呢？其实是储存在与网络相连的云端或数据仓库里。不需要另外携带储存装置，只要连接网络，无论何时何地都可以读取数据。数据就像储存在天上的云朵里一样，所以互联网提供的这类服务也叫"云服务"。

那么庞大的数据，到底是怎么处理的？

因为任何人都可以通过网络获得多种数据，所以比起数据本身，分析和了解数据和数据之间到底有什么关系的能力更为重要。处理数据其实和做菜差不多。食材再多，如果不懂烹饪方法的话，也是无法做出好吃的食物的。

让我们用数据"做道菜"吧！

　　做菜时最先要做的事情是什么呢？当然是要确定做什么菜。根据你关心什么，想知道什么，"烹饪"数据的方法也不尽相同。确定好做什么菜后，就要准备食材了。这就需要大量收集和主题相关的既"新鲜"又优质的数据了，接下来就像把切好的食材煮熟那样去整理和分析数据就可以了。

大数据，我要开吃啦！

　　在收集的数据中找到规律，再用模型、图表进行整理的话，就能看到想要的答案。利用数学原理分析数据就是统计。这个时候，人工智能会有很大的帮助。人工智能可以以非常快的速度同时处理海量的数据，而且处理过的数据越多，人工智能也会变得越聪明。

寻找格列佛和动物骨头的秘密

小天地里的大世界

皮卡丘到底是胖乎乎的还是苗条的？物理学家到底如何解决这个问题？你们说自己光是听到"物理学"三个字就觉得头疼？那好，我们先把物理学放在一边，让我给你们讲些有趣的电影故事吧。

你们看过《霍顿与无名氏》这部动画电影吗？霍顿是一头住在森林里的大象。虽然身材魁梧，但它的内心十分柔软。大象霍顿有一天在一粒落在蒲公英上的灰尘上发现了"无名镇"。这部电影讲述了在这一粒小小的灰尘上存在着我们尚不知道的世界。在这一粒灰尘上，有一个和人类一样的智能生命体组成的小镇，非常有意思的想象吧？

《黑衣人》这部科幻电影里也有类似的

故事情节。这个故事里有一只猫，它脖子上戴的项圈上挂了一个小吊坠。项圈上印着"猎户座"的字样，所以这只猫的名字应该就叫猎户座。猎户座是冬季夜空中非常耀眼的星座，但是挂在猫咪"猎户座"项圈上的吊坠里竟然有个银河系。银河系是宇宙中的一个大的恒星系，由1000亿颗以上的大小恒星和无数星云、星团构成。它的直径有8万光年，也就是说，宇宙飞船从银河系的一边到另一边，即使用光的速度也需要走几万年。宇宙本是大到令人无法想象的浩瀚空间，而电影中的银河系竟能被装在小小的吊坠里。

银河系

银河系由1000亿颗以上的大小恒星和无数星云、星团构成。而宇宙中约有1000亿个银河系这样大的星系。地球所属的太阳系也在银河系里。

猎户座大星云

在古代也有关于在某个地方存在着微观世界的想象。中国有个成语"蜗角之争"，它出自古代经典《庄子·则阳》，说的是小小的蜗牛头上有两个非常小的触角，右边的触角和左边的触角上分别住着两个不同国家的人，这两个国家经常发生战争，有数万人死去，双方光是追赶逃跑的敌人都需要用半个月的时间。

书中想说的是，耗尽那么多人的生命的战争，其实无非是一场非常微不足道的争斗。在我们眼里，蜗牛已经是非常小的生物了，而在蜗牛触角上发生的事情，又是多么渺小啊。庄子生活的战国时期，战争频发，杀戮和死亡不断发生。书中借这个故事想表达的是，请大家各自退让一步，好好审视一下这些无意义的战争。

前面讲的都是"小世界"的故事，我现在要反过来，给大家讲讲"大世界"的故事。比如科幻电影或者动画片中巨大的怪兽攻击城市的故事。还有一本书叫《杰克与魔豆》，讲了人类和巨人们的故事。有一家广告公司甚至拍了一部极富创意的巨人广告。在这个广告里，变成巨人的模特儿只需走几步就越过了横跨大江的桥，将双脚泡在深深的江水中并悠闲地看着书。

让我们在这里暂停一下，你们不觉得好奇吗？假如人类变得和摩天大厦一样高大，还会有和我们现在一样的外形吗？假如身体变得巨大无比，人们还能和现在一样又跑又跳，行动自如吗？

大家都读过或者听过《格列佛游记》吧。原本在海轮上给船员们治病的外科医生格列佛被一场暴风雨卷到了小人国利立浦特，身高只有12厘米左右的小人国的人们把被海浪卷到岸边的格列佛捆绑得

结结实实。

恢复意识的格列佛该有多吃惊呢？当然，发现了格列佛的小人国的人们也同样非常吃惊。小人国的人担心格列佛肚子饿，所以想喂东西给他吃。100多个人喊着号子爬上梯子，在格列佛嘴里放了用6头小人国的牛和40只小人国的羊做的菜肴，你大概能推测出格列佛的体形比小人国的人们要大多少了吗？

但奇怪的是，无论是《格列佛游记》书中的插画，还是科幻电影中的人物，格列佛和小人国的人只有体形大小的区别，长得倒是很相似。也许你会问，不管是巨大的人还是小小的人，不都应该是人的外形吗？长得一样有什么奇怪的呢？但是身为物理学者的我，真的觉得很奇怪，因为在科学的世界里，随着大小的变化，物体的形状大概率也是会发生变化的。

大小变了，模样也变了

以太阳系中火星和木星的卫星来举个例子吧。火星有两颗天然卫星，名字分别叫作火卫一和火卫二。让我们来看一下两颗卫星中更大的那颗也就是火卫一吧。火卫一长得像一个坑坑洼洼的土豆，最长的一边直径约为27千米，大小还不到火星的1/300。而火星的直径大约是地球直径的一半，火星的质量约为地球质量的1/10。地球的质量约是火卫一质量的5亿多倍，所以你大概知道火卫一有多小了吧？

卫星

卫星是围绕行星运转的天体。地球的卫星是月球，火星的卫星有2个，木星和土星的卫星分别有79个、82个。

让我们再来看下木星的卫星木卫一吧。美丽的木卫一散发着淡黄色的光芒，其大小和月球差不多，而月球的大小大约是地球的1/4。地球的质量是木卫一的60多倍。木卫一的外形是几近正圆的球形，和形似土豆一样的火卫一长得完全不同。所以，大天体和小天体的形状是不一样的。准确地说，大天体的形状是近似球形的，小天体的形状是不

火卫一

月球

木卫一

地球

规则的。为什么会是这个样子呢？现在让我来告诉你们原因吧。

　　像火卫一和木卫一这样的卫星是如何形成的呢？一开始，如灰尘般大小的粒子在宇宙中飘浮，渐渐地，越来越多的小粒子因为引力聚集在一起，小小的粒子凝结起来，形成了凹凸不平的大块，慢慢变得越来越大，质量也越来越大，同时，引力也越来越大。引力具有从天体中心向着所有方向作用的力，这个力不偏向任何一方，而是非常均匀地作用在天体的

引力

引力是指两个物体或两个粒子间互相吸引的力量。物体（粒子）的质量越大，引力越大。

每一个方向。在引力的作用下，像木星这种主要是由气体和液体形成的天体，会更容易形成圆球状。

但如果天体是由坚硬的岩石组成的又会怎样呢？以地球为例，地球的引力使它把所有东西，如空气、海水、沉重的岩石等，向着它的中心吸引过来。请你们想象一下，在大家面前有一块小石头，如果这块小石头受到了很大的压力，会怎样

压力

压力是指物体所承受的与表面垂直的作用力。

呢？当然，石头会被压得粉碎。引力造成了压力，大天体内的压力要比它表面的岩石的支撑力大得多，所以那些凹凸不平的部分会碎掉，渐渐地天体会变得越来越圆。但是像火卫一那样的小天体，由于质量小，其引力小，压力也较弱，所以构成它们的岩石也不会碎裂，依然保持着原来坑坑洼洼的样子。

格列佛和小人国的人们大小不同但是样子一模一样，这可能吗？有一点我可以很肯定地告诉你，如果格列佛的个子和地球的半径一样长的话，那格列佛应该是个圆圆的球。

在宇宙里存在的所有东西，只要体积越大就一定会越圆。当然如果体积小的话就不一定圆了，所以请大家记住，物体的大小变了，其模样也是会随之而改变的。

伽利略为何对动物的骨头如此好奇？

事实上，除了木卫一以外，木星还有许多卫星。木星的直径是地球直径的11.2倍，质量是地球质量的300多倍，体积是地球体积的1300多倍，是一个巨大的行星。迄今为止，科学家们发现的木星的卫星已经有79个。其中的木卫一、木卫二、木卫三、木卫四4颗卫星也被称为伽利略卫星，因为它们都是由伽利略首先

发现的。

大家都知道伽利略是谁吧？他是意大利数学家、物理学家、天文学家，是近代实验科学的奠基人，开创了数学与实验相结合的研究方法。400多年前，他就提出了地球围绕太阳旋转的地动学说，他还提出了自由落体定律和惯性的概念，是当之无愧的物理学奠基人。

伽利略的伟大之处在于，他是通过观察和实验进行科学研究的第一人。随便打开一本科学教科书，"测量一下距离""计时""比较一下速度""画出图表"……里面像这样的表述是不是有很多？而最早像这样进行实验的人就是伽利略。伽利略在研究惯性和自由落体定律时，把球悬挂在绳子上摇摆，又让球从倾斜的木板上滑下或是将球从高处抛下，然后测量长度、高度和时间，再进行计算并记录下来，如此反复实验了无数次。为什么要这么做呢？因为他对自然界中的秘密充满了好奇，所以他很享受这种为了解开秘密而进行观察和实验的过程。

伽利略并非第一个发明望远镜的人，但他是首位将望远镜性能大幅度改良用以仰望星空的人。他用自己改良的望远镜发现了木星的四颗卫星。伽利略发现的那些卫星很大，大家用小双筒望远镜也可以直接看到，并不需要高倍数的双筒望远镜。伽利略用望远镜观察月球的时候还发现了环形山。

环形山

环形山是指行星或卫星表面凹陷的大圆坑。目前广泛认为它们是由于陨石的碰撞或火山活动而形成的。

伽利略写了两本著作。一本是包含托勒密的地心说和哥白尼的日心说激烈争论的宇宙科学论著——《两大世界体系的对话》，另一本是揭示了各种运动规律和自然秘密的《两门新科学的谈话》。伽利略在《两门新科学的谈话》里以对话体讨论了他对两门新科学——材料力学与动力学的研究结果，书中讨论了一个非常有意思的问题：如果动物保持原来的模样，只是体形突然一下子变大的话，那它原来身体里的骨头和变大后身体里的骨头是不是还一样呢？

居然探讨到动物的骨头，伽利略果然是对什么都充满好奇啊。大家听到后，也会对这个问题感到好奇吧？要解答这个问题，我们首先要把正方形和正方体进行比较。大家是不是对突然要解数学题而忧心忡忡呢？别担心，只要能背九九乘法表你就不会觉得难啦。

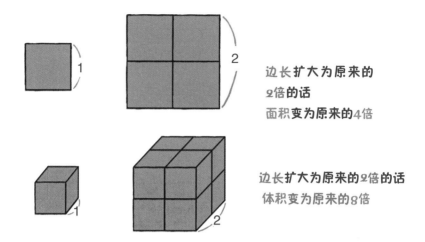

边长扩大为原来的
2倍的话
面积变为原来的4倍

边长扩大为原来的2倍的话
体积变为原来的8倍

大家先设想一个边长为1的正方形，如果把它的边长扩大为原来的2倍，那扩大边长后的正方形的面积是原来正方形面积的几倍呢？我们一眼就能从图中看出来是4倍。所以，如果正方形的边长扩大为原来的2倍，那么面积就变成了原来的4倍。

那正方体的体积会怎么变化呢？同样，我们先设想一个边长为1的正方体，然后把这个正方体的长、宽、高都扩大为原来的2倍，这样形成的新的正方体的体积是原来正方体体积的几倍呢？我们只要数一数大的正方体里有几个小的正方体就可以了。答案是8个。也就是说，如果正方体的边长扩大为原来的2倍，那么体积将变成原来的8倍。

现在让我们以数学思维思考该问题，运用数学公式试试吧。正方形的面积=边长×边长，如果正方形的边长等于2，其面积就是2×2=4；而正方体的体积=边长×边长×边长，边长为2的正方体的体积是2×2×2=8。换句话说，当边长扩大为原来的2倍时，面积扩大为原来的4（2的平方）倍，体积扩大为原来的8（2的立方）倍。

所以请记住，正方形的面积是边长的平方，正方体的体积是边长的立方。由此可得出平方–立方定律。如果我们拿一个彩色魔方放在面前操作和演示的话，将更能帮助我们理解。

如果小狗是个正方体的话会怎样？

让我们重新回到动物的骨头这个话题，下面我们以小狗为例来说明。如果小狗的体形变大为原来的10倍，那么变大后的小狗身体里的骨头和原来小狗的骨头是不是一样的呢？

动物身体中骨头的作用之一是支撑体重。骨头只有既粗壮又坚固，才能成为动物身体的很好的支架。骨头可以支撑的重量和其截面积成正比例关系。将一根长长的骨头从中间切开，我们根据切面的面积大小就可以判断这根骨头是否能支撑起动物身体的重量。

小狗的体形一下子变为原来的
10倍，那它的体重会变为多少呢？
体重也变为原来的10倍吗？不是
的。我们称一下小狗的体重再乘以

截面积

面积是指平面的大
小。把一个物体切开所截
出的平面的面积称为截面
积。

10，得到的不是体形变为原来的10倍后的小狗的体重，而是10
只和原来的一模一样的小狗的体重。我们需要找到其他的解决方
案。物理学家解决类似问题一般都是这样开始思考的："把原来
小狗的体形想象成边长为1的正方体，把体形变大后的小狗的体
形想象成边长为10的正方体吧！"

当然了，现实生活里并没有正方体体形的小狗，但是适当发
挥想象力有时对解决问题非常有帮助。有时省略复杂的现实，尽
可能从简单的模型开始，可以帮助我们迅速、准确地掌握问题的
核心。将小狗的体形想象成边长为10的正方体，这样做的好处是

我们可以用数字进行计算。

前文里我们已经讨论过正方体体积的计算方法了。既然我们想知道的是重量，那么首先我们需要知道重量和体积的关系。如果两个物体是由同一种物质组成的话，体积较大的那个当然就会更重。从这个角度讲，动物的体积就是它们的体形。同种类的小狗，体形小的体重就小，体形大的体重就大。所以要解决上述小狗的骨头问题，将体积换成体形来思考就可以了。

现在就让我们用求体积的方法来看看体形变为原来体形10倍的小狗的体重是多少吧。其实这个问题比你想象的要简单得多。因为正方体的体积等于边长的立方，所以体形变大后的小狗的体重就是原来的10×10×10=1000倍。没想到吧？变大后的小狗的体重变为原来的1000倍，是不是比想象的要重得多？小狗的体形变为原来的10倍，体重变为原来的1000倍的话，还叫它小狗就有点尴尬了，它应该算是超大型狗狗了吧。

接下来我们来思考一下小狗的骨头吧。体形变为原来的10倍后，它的骨头比原来的骨头要粗多少呢？正方形的面积等于边长的平方，所以小狗的骨头截面积扩大为原来的10×10=100倍左右。好，让我们来看一下会发生什么情况。体形变大的狗狗体重增加为原来的1000倍，但是骨头的截面积只变为原来的100倍，这样的骨头能支撑它现在的体重吗？当然是支撑不住的，骨头可能会被体重压碎。超大型的狗狗别说站着或跑动了，可能光躺着它都觉得不太轻松。

那现在该怎么办呢？救活超大型狗狗就可以了啊。有问题就想办法解决问题。该怎么救呢？只要让超大型狗狗的骨头变粗壮就可以啦。也就是说，小狗在变成超大型狗狗的时候，骨头也要发生变化。是的，如果骨头大小发生了变化，模样就会发生变化！伽利略想说的就是这个道理。

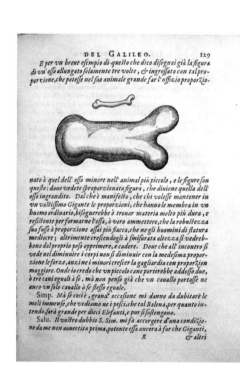

左图展示的就是伽利略《两门新科学的谈话》一书中的一页，很好地说明了当小狗的体形发生变化时，其骨头的形状也要相应地发生改变。伽利略在说到小狗骨头的时候得出了"大小发生变化，模样也会改变"的结论。以下是伽利略的原话：

"自然界里如果长出一棵非常巨大的树木，树枝可能会因为无法承受自身的重量而折断。同样的，无论是人还是马儿，或是其他任何动物，都不可能单单把个子变得非常大而不改变相貌。想要那么做的话，必须要让它们的骨头变得更强壮、更结实，或者骨头变得更粗、更大，但那样的话，动物的长相也会发生改变，成了怪物了吧。"

在伽利略生活的时代，人们还不知道如果一个东西的大小改变了，模样也会改变的事实。但在400多年后的今天，我们又是怎样想的呢？还不是仍然想当然地同比例放大它的样貌？是的，思维并不是一朝一夕就能轻易改变的。但是哪怕从现在开始，当我们想到超大型狗狗的时候，让我们摒弃原来想当然的大小、重量和形状，而试着练习用更量化、更科学的方法去思考吧。所以，比摩天大楼更高的巨人的样子，爬上高楼大厦的巨型蜘蛛的样子都会和你们想象的完全不一样，可不是人类和正常蜘蛛的放大版哦。知道了这个结论，你们会拥有更有趣、更奇幻、更多彩的想象世界，这就是科学的力量啊。

到现在为止，我们一起经历了小猫项圈上的吊坠里的宇宙，蜗牛触角上的世界，遇到了表面凹凸不平的像土豆一样的卫星——火卫一和表面圆溜溜的卫星——木卫一，还跟着伟大科学家伽利略思考了超大型狗狗身体里骨头的问题。等待揭开皮卡丘体形胖瘦的谜底前的每一个故事是不是都很神奇且出乎你的意料呢？那就让我们继续这愉快的探索旅程吧。

不按常理出牌的物理学家
解决问题的方法

为什么蚂蚁的腰很细而大象的腿很粗？

在前面，我们已经学习了正方形的面积与其边长的平方成正比，正方体的体积与其边长的立方成正比的知识，这个被称为"平方–立方定律"。关于这个法则可以讲的东西有很多。比如正是因为这个法则，小狗和超大型狗狗的骨头长得不一样。为什么地球上大型的哺乳动物比如大象都长得胖乎乎的？因为要支撑沉重的身体重量，它们的骨头就必须要粗壮，想要包裹住粗壮的骨头，它们的身体只能是胖胖的。而像蚂蚁这样小的昆虫就没必要那么胖，所以，蚂蚁的腰很细而大象的腿很粗，也是遵循了"平方–立方定律"。

但关于大象还有一个问题需要解决。大家都知道大象的身体庞大吧？因为体形庞大，所以大象身体新陈代谢产生的热量也很高。大象是靠自身控制产热、散热来维持恒定体温的恒温动物，它不像蜥蜴，蜥蜴的体温是和环境的温度一起变化的，那大象是怎么散发掉自己身体里的热量的呢？

　　好，让我们来设想一下，假如一个人的体形一下子变为原来的10倍，那他身体里产生的热量会是原来的几倍呢？动物体内产生热量的多少是由体形大小来决定的。按照前面分析小狗骨头问题的思路，当一个人的体形放大为原来的10倍时，其体内产生的热量也就变为原来的1000（10的立方）倍，但是包裹他身体的皮肤表面积只变为原来的100倍。通过皮肤和出汗只能排出原来热量的100倍的话，那剩下的热量要怎么排出呢？如果一个人不能正常散热的话，就会因为体温过高而生病。

　　体形庞大的大象也是如此。大象的散热方式能带来一个新的话题。大家回想一下，在地球上的恒温动物中，像大象和犀牛这样的大型哺乳动物，它们身上大多数都没有体毛，即使少数大型哺乳动物有体毛，它们的体毛也是非常短的、硬的。为什么会这样呢？因为体形大的动物需要散发的热量多，如果体毛多的话就无法很好地排出热量。

要想顺利散热，大象光是让自己尽量少长毛还不够，还要用到其他的方法。大家有没有仔细观察过大象的皮肤？有些博物馆里有大象的标本，如果你们去仔细观察一下，就会发现大象的皮肤上有许许多多的皱纹。

之前我们已经讲过，一个动物想要多散热的话就需要增大皮肤面积。所以，大象的皮肤是皱巴巴的，这样皮肤舒展开时，肯定要比光滑紧致的皮肤的面积大很多。所以，皱巴巴的皮肤要比光滑的皮肤更利于散热。好了，运用伽利略的"平方－立方定律"，我们很容易就理解了为什么大象的皮肤上布满"皱纹"了。

说到皱纹，大家还联想到了什么？对了，就是我们的大脑。人类的大脑是非常强大的器官，它是人类能占据生物圈金字塔尖地位的最主要的"功臣"。脑袋越大越有利，但是我们也不能盲目地说只要大就好，因为脑袋如果太大的话，人就会重心不稳，很难稳健地行走。还有的胎儿因为脑袋太大，而在出生时遇到危险。总之，脑袋太大也会有各种各样的问题。

其实，人类能进化成现在的样子，原因之一是"人的社会性"。每个人都和家人、朋友等其他人建立了社会性的关系，互帮互助，共同生活，这才使人类成为万物之灵。在人类建立社会性关系的过程中，起到最重要作用的人体器官就是大脑的表皮部分，也叫大脑皮层。人类在进化的过程中需要解决下面这些问题。

"头越大越好，但也不能太大。"

"大脑皮层越宽越好，但不能无止境地宽。"

换句话说，如果能在最小的体积内尽可能多地容纳最大面积的大脑皮层，上述问题就解决了。那解决的方法是什么呢？是的，就是让大脑皮层变得皱巴巴的。人的大脑为什么会有那么多褶皱，也可以用伽利略的"平方–立方定律"来解释其原因。

一个物理法则可以解释那么多世界甚至宇宙中的问题，你们不觉得非常神奇吗？有个成语叫作"一石二鸟"，意思是用一块石头打中两只鸟，这是多么划算的一件事情啊。但要是我们能好好运用物理法则的话，那可不仅仅是"一石二鸟"了，"一石百鸟"也是有可能的。物理学就是这么神奇又酷炫，让你不只可以抓2只鸟，还可以抓100只，甚至1000只、10 000只。

大小改变但模样不变的话会怎样呢?

大家还记得我在前面曾说过格列佛和小人国的人长得很相似这件事很奇怪吗？相较于小人国的人，格列佛明明个子高了很多，但却和小人国的人们长得非常相似，这真的是非常奇怪。现在大家也应该了解为什么我会觉得这点很奇怪了吧？

根据伽利略的理论，格列佛和小人国的人绝对不可能长得非常相似。因为当人的个子变得很高后，他的骨头就要粗壮很多，所以格列佛应该比小人国的人要胖得多。但是在《格列佛游记》中却不是这样写的，而是不管个子是高还是矮，人们全都是一个样子。现在让我们想想看，在人们不论高矮如何，模样都不会变化的世界里，会发生什么事情呢？

假设格列佛的个子是小人国的人个子的10倍，那么格列佛的腰围会是小人国的人腰围的几倍呢？现在，相信大家也能很快就给出答案了。

根据前面将小狗的体形想象成正方体的思路类推，我们把格列佛和小人国的人的体形也想象成正方体。那么，他们的腰围就是正方形截面的周长。所以格列佛的腰围应该是小人国的人腰围的10倍，那么格列佛的骨头截面积和皮肤面积是他们的几倍呢？应该是100倍。那么格列佛的体重呢？应该是小人国的人体重的1000倍。

既然我们现在是在讨论物理学，那就让我们像物理学家们那样用公式来写一下吧。大家不用担心，一点都不难。体重用表示质量的英语单词"mass"的首字母"m"来表示，体形用表示体积的英语单词"volume"的首字母"V"来表示，身高用表示高度的英语单词"height"的首字母"h"来表示，正比例关系用符号"$\propto$"来表示。

体重和体形成正比例关系，可以简单地写成如下公式：

体重正比于体形

$$m \propto V\,(\,m:\text{体重}\quad V:\text{体形}\,)$$

如果我们想要计算得更准确，就需要知道体重与体形之间具

体是多少比例，即比例常数，这个
比例常数是人体的密度。人体的密
度和水的密度差不多。当物体的密
度比水的密度大时，物体就会沉到
水下；当物体的密度比水的密度小

比例常数

　　在以一定比例增加
或减少的比例关系中，用
数字来表示这个一定的比
例，这个数字就是比例常
数。

物体在密度比水的密度大时就会下沉。

时，物体就能浮在水面上。不管体形大的人还是体形小的人，大部分人都拥有浮在水面上的能力，这是因为人体的密度和水的密度相当，当人吸气

密度

密度是物质的质量跟它的体积的比值，即物质单位体积的质量。

使肺部保持膨胀状态时，人体的密度会比水的密度稍小一点，身体便可以漂浮在水面上。

现在让我们试着用公式写出格列佛的身高和体形的关系。体形和身高的立方成正比，于是我们可以得到如下公式：

格列佛的体形正比于身高的三次方

$$V \propto h^3 \ (V: 体形 \quad h: 身高)$$

前面我们已经讲过体重和体形成正比例关系，那身高和体重是什么关系呢？格列佛的体重和身高的三次方成正比，我们可以得到如下公式：

格列佛的体重正比于身高的三次方

$$m \propto h^3 \ (m: 体重 \quad h: 身高)$$

怎么样？用公式整理过后，大家是不是就豁然开朗了？在这里我们还可以再进一步，既然我们已经知道体重和身高的三次方按照一定的比例同时增加或者同时减少，那试试将它们两个相除一下怎么样？会得到一个固定值吗？是的，用格列佛的体重除以其身高的三次方，再用小人国人们的体重除以其身高的三次方，

两个值应该是差不多的。在格列佛生活的世界里，用体重除以身高的三次方会得到一个近似值。

评判身材好坏的体重指数

讲到身高和体重，你们是不是会回想起在学校、医院体检测量身高、体重时经常会听到的话：

"多吃点饭吧！你的体重指数太低了！"

"多运动运动！你的体重指数表明你已经肥胖了！"

"哎呀，你的体重指数表明你超重了，要多注意啊！"

没错，就是这个体重指数（BMI）。你们知道体重指数到底是什么吗？体重指数是国际上常用的衡量人体胖瘦程度及是否健康的一个标准。其实，体重指数就是用体重（千克）除以身高（米）的平方得到的数值。大多数人的体重指数会集中在一个区间，该区间为18.5～23.9，这也是体重指数的正常区间。

奇怪，如果说体重指数等于体重除以身高的平方的话，不就是说人的体重和身高的平方成正比吗？但是前面讲到，格列佛和小人国的人们，明明是体重和身高的三次方成正比呀？两者有什么区别呢？

在格列佛的故事里，不管是小人国的人还是巨人，都是一个模样。但是这在现实中是不可能的，对吗？是的，其实在现实生活中"平方–立方定律"是不正确的。格列佛的体重正比于身高的三次方，而我们的体重正比于身高的平方。这是什么意思呢？在格列佛的世界里，如果一个人的个子变高了，模样是不会改变的。但是在现实生活里，如果一个人的个子变高了，那么他的模样是一定会改变的。

也就是说，在我们人类的现实世界中，如果存在巨人，那巨人和侏儒不会是一个样子的。

好，让我们把现实生活中的人们的身高和体重的比例关系也写成公式好不好？

人的体形正比于其身高的平方

$V \propto h^2$（V:体形　h:身高）

人的体重正比于其身高的平方

$$m \propto h^2 \ (m\text{:体重} \quad h\text{:身高})$$

在前文里我们把小狗的体形假想为一个正方体，来研究了它的身高和体重的关系。这样做使我们可以很快地用数字量化问题并解决关键的问题。同样，让我们来假设人是一个正方体怎么样？但是根据我们在脑海里想象的画面，好像不管怎么压缩人的身体，压缩后的身体也不太像正方体吧？似乎比起正方体来说，人的身体更长，也更圆一点吧？

那么这次让我们把人想象成一个圆筒状，也就是圆柱体怎么样？让胳膊贴紧身体两侧，并拢双腿，看上去就差不多变成了一个圆柱体吧？好，让我们从假设"人的身体是底面半径为r，高为h的圆柱体"开始吧。在物理学家的眼里，人真的和圆柱体差不多。

首先让我们来求一下圆柱体的体积好吗？圆柱体其实是由无数个圆堆积而成的，将圆的面积和高相乘就可以得到圆柱体的体积。接下来的内容可能有点复杂，觉得难的小读者们直接跳过也可以。圆的面积公式是"圆的面积=半径的平方×圆周率"。由"圆的周长=2×π×半径=π×直径"公式可推出，圆的周长和直径的关系是用圆周率π来表示的，圆周率的值为无限不循

环小数3.1415926535……请大家记住半径为r的圆的面积公式为
"πr^2"。让我们来写一下圆柱体的体积公式吧。

$V = \pi r^2 \times h$（V：圆柱体的体积　r：圆柱体底面圆的半径　h：
圆柱体的高）

从公式可以看出，圆柱体的半径越大，圆柱体看起来就越
胖。会胖到哪种程度呢？会胖到像半径的平方那么大吧。如果人
的体形是个圆柱体而半径是腰围的话，我们重新整理一下公式看
看：

$$V \propto r^2 \times h \ (V\text{: 体形}\quad r\text{:腰围}\quad h\text{: 身高})$$

我们之前已经讨论过，人的体
重和身高的平方成正比即$V \propto h^2$，
那么把两个公式并排写在一起看
看：

$$V \propto h^2$$
$$V \propto r^2 \times h$$

然后，可以得到如下的公式：

$$h^2 \propto r^2 \times h$$

把公式两边各除以一个h，得到
新的公式如下：

身高正比于腰围的平方

$$h \propto r^2 \quad (h: 身高 \quad r: 腰围)$$

　　说到这里，我不禁长吁一口气，大家一路跟着我的思路觉得累吗？用一句话概括就是，假设人是圆柱体，根据上述公式得到的结论是"人的身高与腰围的平方成正比"。换句话说，人的腰围变为原来的3倍的话，个子就要变为原来腰围的平方也就是3×3=9倍。大家想象一下，假如有个人的身高是你们的9倍，那么那个人的腰围只需要是你们的3倍就可以了，那他是不是很苗条呀？

是的，人不会像格列佛那样不论变大还是变小都是一样的。个子高的人要比个子矮的人的身型更窄，一个人个子越高，腰围就会越细。现在你们是不是清楚地知道了如果人的个子变高，样子会有什么变化呢？

我们常常会觉得个子高而腰又细的人很苗条，觉得这样的身材非常完美。其实，人本来就是个子越高，腰就会越细的。相反，如果一个人个子矮的话，他的腰就没必要变细了。谁都不是一定要个子高或者一定要苗条的。

其实，每个人都有适合自己身高的身型。如果用体重除以身高的平方，得到的体重指数在正常的范围之内的话，这就是非常科学的身材了。不要一味追求瘦，科学的身材才是健康的和完美的，因为这是被物理学证明过的呀。

为什么蚂蚁的身材不能变得和大象一样大？

科幻电影中经常会有巨大的昆虫模样的怪物出场。如果蚂蚁变得和大象一样大，会怎么样呢？我们已经知道了，长度变为原来的100倍的话，表面积会变为原来的100的平方即10 000倍，体积则会变为原来的100的三次方即100万倍。蚂蚁变大为原来的100倍的话，体重就要变为原来的100万倍。如果蚂蚁变得和大象一样大，它就要用它那苗条的腰和纤细的腿去支撑它的体重。

但是像蚂蚁这样的昆虫是没有骨头的。它们是用坚硬的外壳（外骨骼）来支撑身体的。如果蚂蚁变得像大象那么大，它的外骨骼会因为无法支撑超额的体重而粉碎，而且昆虫的身体变大的时候会蜕去外壳，这对于像大象那么大的蚂蚁来说真的会很困难。所以，在地球上生活的动物中，最大的外骨骼动物的体长也只有40厘米左右。

动物们是如何使用能量的呢？理论物理学家杰弗里·韦斯特对生物的大小和特点进行了研究，结果发现，当动物的体形增大为原来的2倍时，所需要的能量则增加为原来的1.75倍。体形每增加n倍，对能量的需求就多增加0.75的n次方。大象的体重是老鼠体重的10 000倍，但是细胞数量只是老鼠细胞数量的1000倍，这是因为大象的能量利用效率比老鼠高出10倍。

这一法则被杰弗里·韦斯特称为"规模法则"。这个法则不仅适用于动植物，同样也适用于大城市和复杂的企业。假如城市的规模扩大为原来的2倍的话，道路、电线、煤气管道、加油站只需增加为原来的1.85倍。因为城市越大，其效率越高。看起来如此纷繁复杂的世间万物，其实都存在着物理学、数学的规则和模式。

5

让物理学告诉你皮卡丘是胖还是瘦

鱼的大小是个秘密！

你不好奇吗？你问我好奇什么？物理学者本来就是永不停止的人，哪怕有一点点疑问也不会轻易地放过。

让我们来看，人的个子变高的话模样就会改变，那动物会怎么样呢？人的个子变为原来的10倍的话，其样子会完全不一样，但是为什么小鱼和鲸鱼的个头相差很大，长得却很像呢？动物是不是像格列佛所见到的巨人国和小人国的人一样，不管个子的大小如何，模样都不变呢？

想必大家都已经知道，越是复杂的问题，如果用公式来整理一下，就会很容易寻找到隐藏的答案。那么让我们用计算体重指数的公式来寻求一下答案怎么样？

体重指数是用体重除以身高的平方得到的值

$$BMI = m（千克）\div h（米）^2（m: 体重\quad h: 身高）$$

现在让我们来比较一下现实生活中的人和《格列佛游记》中的人吧。

现实生活中的人：

体重正比于身高的平方

$m \propto h^2$（m：体重　h：身高）

《格列佛游记》中的人：

体重正比于身高的三次方

$m \propto h^3$（m：体重　h：身高）

像这样列出来比较的话，你是不是一下子就能看出来，样子变没变，其实就是体重和身高的不同次方成正比的差别？我把公式变化一下。

体重正比于身高的P次方

$$m \propto h^P \quad (m:\text{体重} \quad h:\text{身高})$$

P = 2 或 P = 3

人类的P值为2，那么其他生物的P值是多少呢？我对这个问题很好奇，所以做了大量的研究。我首先分析的动物就是鱼类。幸运的是，韩国有一些非常认真、努力地研究鱼类的科学家。我采用了他们通过精心调查、研究得到的数据。

鲦鱼是一种常见的淡水鱼类。科学家们一条一条地观察了他们采集到的鲦鱼，测量并记录了它们的身长和体重，积累了很多有关它们的数据。我用那些数据制作了一幅关于鲦鱼的身长和体重的对比图。

下页图是以鲦鱼的身长为横轴，以鲦鱼的体重为竖轴，一个点一个点地制作出来的，每个点代表了一条鲦

斜率

斜率是用数字来表示一条直线与水平线相交的倾斜程度。直线的斜率越大，就越靠近竖轴，越陡峭。

鱼。大家可以看到，大部分的点几乎都聚集在一条直线上。

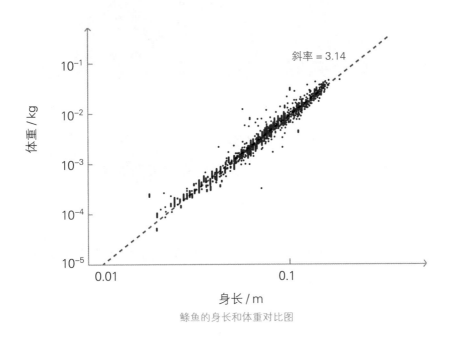

鲦鱼的身长和体重对比图

通过测量这条直线的斜率，我们可以知道鲦鱼的P值是在3左右。这是什么意思呢？是鱼类不同于人类的意思吗？当然是的，鱼类和人类是不一样的。

那格列佛的体重与其身高的几次方成正比呢？格列佛的P值是3，在格列佛的世界里，不论是小人国的人还是巨人国的人，模样都差不多。鱼类也是一样的，小鱼和大鱼长得很相似，所以当没有参照物时，仅通过一张鱼的照片，我们是无法判断这条鱼

的大小的。生活在深海中的大王鱿和指甲大小的墨斗鱼，单独看它们各自照片的话，我们也看不出它们的大小有什么差别。

深谙此道的钓鱼老手常常把自己钓到的只有手指大小的小鱼的照片发到网上，开玩笑地说成是手臂大小的大鱼。我的一位朋友也曾在网上上传了一张看上去很大的鱼的照片，并配上文字："鱼的大小是个秘密！"但是我在那张照片的一个角落里发现了一个小订书机。所以，我知道朋友钓到的鱼看上去很大，其实只是条比小订书机大、比手掌小的斑头鱼而已。

但是我又好奇了："为什么人和鱼的P值不一样呢？"人和鱼的区别，难道不是哺乳动物和鱼类的区别吗？人和鱼的区别还有一个，就是人生活在陆地上，而鱼生活在水里。人和鱼的P值的不同难道是因为它们生活的地方不一样而造成的吗？我们该怎么做才能判断出其中真正的原因呢？让我们通过调查水中的哺乳动物——鲸鱼来一探究竟吧。

我又研究了鲸鱼的身长和体重，发现鲸鱼的P值和鲦鱼一样，也是3。接下来我们该做什么呢？如果说人类和鱼类的P值不同是因为二者居住环境不一样的话，那我们把人和陆地上的其他哺乳动物比较一下怎么样？

陆地上生活的主要是四足的哺乳动物。对于这些用四条腿走路的动物，测量它们的身长有两种办法。一是把从头顶到尾巴尖的长度看作它们的身长，另一种是把从地面到肩膀的高度算作身高。那应该怎么做呢？不用犹豫不决，两种办法都试一下就知道了。计算出来的结果是，陆地上的四足哺乳动物和人类也不一样，它们的P值为3。这说明人类既不和生活在水里的鱼一样，也不和在陆地上生活的其他四足哺乳动物一样。

那为什么只有人的P值为2呢？大家知道其中的原因吗？我们可以思考一下，是不是因为人是用两只脚走路的呢？

宝宝学会走路后的神奇变化

在这里，我又有了一个更有趣的想法。大家知道，人是用双脚走路的，但也不是一直都用两只脚走路的呀。不论是谁，在婴儿时期都无法用双脚走路，而是要手脚并用地到处爬行。那么，还不能走路的婴儿会不会和鱼类或者其他四足哺乳动物一样，P值是3呢？然后在婴儿学会走路以后，P值又变成2了呢？

如果大家好奇的话，就和我一起去寻找答案吧。为了解决这个问题，我收集了新的数据。这次收集的是关于我们人类的数据。我在和瑞典科学家们一起做研究的时候，对37 000个瑞典宝宝的身高和体重进行了分析并制作了对比图。

下图中的黑色十字标示出了出生101天到200天的宝宝的身高和体重。这些聚集在一起的点看起来像不像云朵？事实上当图上有数千、数万的点全部被标示出来时，我们是很难一眼看出趋势变化的。所以我把这些数据的平均数用一个大点标示了出来，就是图中红色的点。

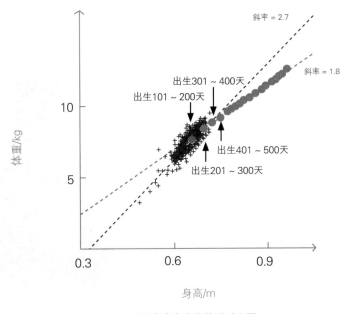

瑞典宝宝身高和体重对比图

然后再将出生201~300天，301~400天，401~500天……宝宝的身高和体重分别标示出来，并用绿色的点标示出平均数。顺着绿色的点，我们就能看出宝宝们在渐渐长大的过程中，身高和体重是如何增加的。

仔细观察这幅图，绿色点组成的直线形状在中间发生变化了吗？紫色的直线一直往上，在中间稍微弯折了一下，变为绿色的直线，正是P值从3变为2的地方，现在大家估计也能猜到了。

"这个时间点就是宝宝们开始走路的时候吧？"

为了确认这一猜测是否正确，我又收集了其他的数据，画了图并进行比较。请大家看下页图。最左边是瑞典的1岁前后宝宝的身高和体重对比图，中间是韩国的1岁前后宝宝的身高和体重对比图，最右边是世界卫生组织公布的1岁前后宝宝身高和体重对比图。1岁前的宝宝用紫色的点来表示，1岁后的宝宝用橙色的点来表示。

结果如何呢？3幅图上都有直线因斜率变化而弯折的地方。那个点

就是婴儿们开始走路的时候，大约在1岁时。1岁前宝宝的P值为

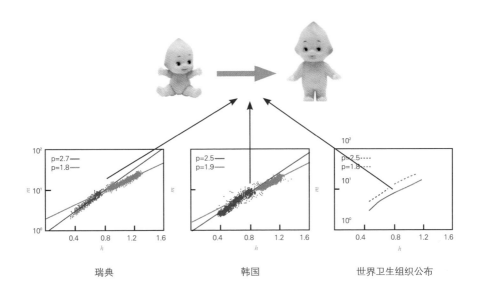

1岁前后宝宝的身高和体重对比图

3，过了1岁以后P值变为2，变成了和用双腿走路的大人一样的值了。

　　这个变化很神奇吧？宝宝还在妈妈肚子里的时候，像鱼儿一样会游泳。出生后，宝宝会经历从趴到坐再到爬，然后到1岁多像大人一样直立行走的发育过程。我想在大家1岁多刚刚学会走路的那一刻，你们的爸爸妈妈一定特别激动，会通过拍视频等方式来记录下这值得庆祝的时刻。作为物理学者，我觉得还有另外一个值得庆祝的理由，那就是你们终于拥有和大人一样的P值

了。

但是到这里，我又有了新的问题。你问我怎么还有问题？前面我也说过了，物理学者对万物的好奇是永不停止的。

"为什么人的P值是2呢？"

难道你们对这个问题就不觉得好奇吗？所以我又继续做了研究。想象一下，你在直立时，身体稍微向前倾斜会怎么样呢？这时你会感受到把身体往前拉的重力的力矩。

力矩

力矩是指力对物体产生转动效应的物理量。通俗地讲，当人们在靠近中心轴的地方推动旋转门的话需要很用力，而离中心轴越远就越容易推得动，此时力矩是指不同的距离使门旋转的作用力效果。

与此同时，你也会感觉到小腿部分变硬了，其原因是为了不让你摔倒，肌肉的力矩要向相反的方向用力。如果不想摔倒的话，两个力矩的力量应该是互相平衡的吧？

如果大家想要知道答案的话，画一个长长的倾斜的长方形就行了。然后假设"人是和地面形成θ度斜角的长方形"再进行计算，你们现在也会把长方形看成一个人的。

这个计算过程非常复杂，我在这里把结果告诉你们：为了实现两个力矩的力的平衡，体重要和身高的平方成正比。

只有人的P值是2，这也是用双腿行走的人类和其他动物都不一样的证明。

物理学家解决问题的方法

从前有个村庄，村庄里有一个农夫，有一天，他的鸡突然不下蛋了，他非常担心……

精灵宝可梦，我想了解你

研究过了人和动物的P值以后，下一个轮到研究谁了呢？你也许会想："什么，还要继续深入吗？"我不是说过嘛，物理学者的研究是永不停止的。既然人类和动物我们都讨论过了，下一个就研究精灵吧。就是大家等了这么久终于等到的精灵宝可梦！现在知道了吧？只有像我这样永不停止地不断深入挖掘，才能遇到并去研究自己真正喜欢的东西。

精灵宝可梦是已经红了20多年的深受大家喜爱的角色。皮卡丘、喷火龙、可达鸭、妙蛙种子、卡比兽、甲贺忍蛙、超梦……只要一听到这些名字，它们可爱的样子就会自动浮现在我们的脑海里。有关精灵宝可梦的数据真的很多。只要上网在搜索引擎里输入名字，就能知道它们是什么样子的，生活在哪里，攻击的方法是什么，如何进化，等等。无数信息层出不穷地涌现出来，这多亏了喜爱精灵宝可梦的人们努力收集的各种数据。在这里对我们来说最重要的信息是什么呢？对了，就是精灵宝可梦的身高和体重。

我分析了660只精灵宝可梦的身高和

体重，并且把它们和人类及鱼类的数据做了比较，然后按照和前面相同的方法画在图上，图点的分布相当散，看上去P的值在2左右，但要说在3左右也是可以的。但仅凭这些我们很难得到明确的结论。这种时候该怎么办呢？把数据处理得更加精细些就行了。为了得到更准确的结论，我收集了身高相同的精灵宝可梦的数据，然后算出那些精灵宝可梦的体重的平均值，重新制作了一幅图。

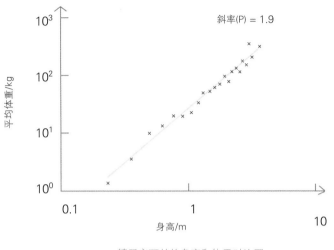

精灵宝可梦的身高和体重对比图

结果如何呢？它们的P值更接近2，这个结果表明精灵宝可梦用双脚走路是非常科学的，一点都不奇怪。这也算是精灵宝可梦比动物更接近人类的一种证明吧。

请告诉我皮卡丘的体重指数

刚开始打开这本书的时候，我们遇到了"皮卡丘到底是胖还是瘦"的问题。其实，判断一个人是胖还是瘦的标准已经出来了，那就是兼具科学性和医学性的标准——体重指数，所以我们不能单纯地将某个人的身材和那些偶像歌手或者电影明星相比较然后就随便下结论。但是皮卡丘一眼看过去就是胖乎乎的，那么假如我们从一开始就求出皮卡丘的体重指数，是不是就能得到我们想要的答案了呢？

奇怪的地方可不止一个两个。为什么体重指数要用体重去除以身高的平方那么复杂的计算方法呢？更何况，我们用判断人的身材的标准去判断精灵宝可梦的身材是不是合适呢？把精灵宝可梦的身材和人类的身材相比较，这样做合理吗？如果想要数据更科学合理的话，是不是不应该和人比较，而应该和其他精灵宝可梦去比较才对呢？

从这些看似荒唐的想法和好奇心开始的物理学研究，经过大量数据的收集和计算才来到了这里，在此过程中我们还引出了许多意想不到的话题结论。

"大小变化了的话，模样也会变化。"

"如果体重与身高的三次方成正比增加的话，模样不会有太大改变。"

"人类的体重与身高的平方成正比的原因，是因为人类用双脚走路。"

最后，我们得到了一个结论：与人类一样，精灵宝可梦用双脚走路，所以它们的体重指数的计算方法与人类一样。

那么，现在让我们来计算一下皮卡丘的体重指数吧？皮卡丘的身高是0.4米，体重是6千克，扛在肩膀上有点重吧？我经常担心总是把皮卡丘放在肩膀上的主人公们的脊柱会变形或得肩周炎。皮卡丘的体重指数是37.5，哎呀，属于重度肥胖。

但是皮卡丘任何时候都能使出敏捷又帅气的百万伏特招牌动作，虽然胖胖的，不也超级可爱、超级帅、超级了不起吗？擅长火焰攻击的喷火龙身高1.7米，体重90.5千克，体重指数是31.3，虽然也属于肥胖，但是和皮卡丘一决胜负的时候，不也很强大吗？身高1.5米，体重40千克的甲贺忍蛙的体重指数约为17.8，虽然体重指数很低，不也比任何人都要灵巧吗？是啊，不管身高、体重是多少，也不管外貌如何，我们始终都喜欢所有精灵宝可梦本来的样子，这就足够了。

致想最先发现世界秘密的朋友们

科学梦因热爱而生，物理学是挚爱

我至今仍然记得自己第一次萌生想当科学家的想法时的情景，那是在小学的时候，不知道为什么我突然心血来潮，翻看了很多书籍去整理了太阳系各大行星的资料。虽然现在已经不太记得了，但在那个时候不论是金星的大小，还是火星的公转周期，只要朋友们问起，我都能对答如流。至今我仍然保存着自己在那个时候制作的几张行星卡片。

当然，仅仅是记住各种天体的细节，并不能说明一个人的科学知识学得好。但是对于自己感兴趣的主题充满深厚的热爱是所有科学家的共同点——只要感兴趣，看一次就不会忘记，而且会长久地保留在记忆之中。

成为初中生后，我用攒了一年的零花钱和父母给我的补贴买了天文望远镜。到了深夜，我常常带着那个小小的望远镜，提着一盏小手提灯，一边用手提灯照明一边爬上公寓的楼顶。独自一

人在黑漆漆的楼顶上的我常常会觉得很害怕，但恐惧只是暂时的。当眼睛适应了黑暗以后，夜空中的星星开始渐渐地清晰起来。能够亲眼确认自己熟悉的不同季节的星座，是一件让我非常兴奋和开心的事情。那个时候我看到了春天夜空里的狮子座、处女座，夏天夜空里的天蝎座，以及冬天夜空里的猎户座，至今依然记忆犹新。

以星座为定位，沿着南部天空的黄道就能看到行星。与一闪一闪

黄道

虽然地球围绕太阳旋转，但是在我们看来，太阳好像是从圆形的天空上经过，太阳一年间在不同的星座之间移动的路径叫作"黄道"。

的恒星不同，行星不会"眨眼睛"，是很容易找到的。当我用望远镜看了月亮和行星的美丽模样后，恐惧就在不知不觉中消失殆尽，第二天晚上我又一次爬到楼顶上去了。

直接用肉眼观察到的月亮和行星的样子和我们在书本里或网络上看到的图片不太一样。虽然不像用又大性能又好的望远镜拍摄的照片那样，连细微的构造都能看得清清楚楚，但只要亲眼看过，无论是谁都会被彻底迷住的，它们真的是美丽得无法用语言形容。

小时候的我看到环形山周围的影子，从而得知月球表面是凹凸不平的。我还每天都在方格纸上画着用小望远镜也能很容易看到的伽利略卫星。能亲眼观测卫星们每天的位置变化而确认它们在围绕木星进行公转时，我真的是发自内心地喜悦。

后来我成为高中生，更加深入地学习了物理学知识并梦想成为物理学家。我有多想成为物理学家呢？好像除了想要成为物理学家以外，也想象不出来自己还可以做什么其他的事情了。每天默默地计算明天的月亮会几点升起，然后第二天再确认月亮是否真的是在那个时间升起的。在我填报大学专业的时候。我记得我那时填写的第一志愿是物理专业，第二志愿是天文专业，第三志愿又填了物理专业。

在大学学习期间，我一直希望自己毕业后能成为物理学家的愿望从未改变过。大学毕业进入研究生院的时候，我选择了统计物理学，现在是一名大学物理教授。能从年少时的兴趣和热爱出发，然后在科学的道路上一直探索并走出自己的科学之路，我觉得自己是非常幸福的人。

不畏挫折扬帆起航，科学就是这样！

科学真的太有趣了，一旦爱上就无法自拔。科学家们会全情投入到自己研究的领域中，物理学家钟情于物理学，生物学家倾心于生物学。科学家们孜孜不倦地进行科学研究，是因为科学太有趣所以让自己无比热爱。

我非常尊敬的一位物理学家曾说过："物理学是单相思。"

无论我们有多渴望通过物理学更清晰地了解宇宙中发生的所有现象，神秘的宇宙却连小小的行星都不太愿意向物理学家展现其真实的面貌。可能就是因为大自然和宇宙如此"高冷"，才让科学家们更加欲罢不能吧。想要探究的东西无穷无尽，这可比无事可做让人激动兴奋得多了。

大家也可以看看自己周围的世界，是不是有好多令人好奇的事情？你们想知道的问题，连科学家们也不能百分之百地全部进行回答。因为比起已经知道的答案，未知的问题可能要多100万倍甚至1000万倍。科学就如同航行在茫茫大海上的小小帆船，

大家不想和我一起登上为了更好地理解世界而不断远航的"科学号"帆船吗？我可以保证你们绝对不会感到后悔。沿途不断出现的新的风景，完全不会让你们感到无聊。

如果阅读了本书，能让更多小朋友拥有成为科学家的梦想，我将会感到非常高兴。因为我自己亲身经历过，所以想告诉你们，做科学研究是一件多么有趣、多么令人开心的事情。

图 片 版 权